铜川常见野生鸟类图鉴

TONGCHUAN CHANGJIAN YESHENG NIAOLEI TUJIAN

主 编 马红军

西北农林科技大学出版社
·杨凌·

图书在版编目（CIP）数据

铜川常见野生鸟类图鉴 / 马红军主编. -- 杨凌 : 西北农林科技大学出版社, 2023.4
ISBN 978-7-5683-1247-9

Ⅰ. ①铜… Ⅱ. ①马… Ⅲ. ①野生动物—鸟类—铜川—图集 Ⅳ. ①Q959.708-64

中国国家版本馆CIP数据核字(2023)第070630号

铜川常见野生鸟类图鉴
马红军 **主编**

出版发行	西北农林科技大学出版社		
地　　址	陕西杨凌杨武路3号	**邮　编：**	712100
电　　话	总编室：029-87093195	发行部：	029-87093302
电子邮箱	press0809@163.com		
印　　刷	陕西天地印刷有限公司		
版　　次	2023年4月第1版		
印　　次	2023年6月第1次印刷		
开　　本	880 mm × 1230 mm　1/16		
印　　张	11.25		
字　　数	100千字		

ISBN 978-7-5683-1247-9

定价：98.00元

《铜川常见野生鸟类图鉴》

编辑委员会

前 言

Preface

铜川市位于陕西省中部，地处关中平原与黄土高原过渡地带，地形地貌呈典型的黄土高原丘陵沟壑区，总面积 3 882 平方千米。全市有森林、草地、湿地三大生态系统，其中林业用地 2 320 平方千米，森林面积 1 400 平方千米，森林覆盖率 48.5%。优越的自然环境、复杂的地形地貌孕育了铜川较为丰富的野生动植物资源，也为鸟类提供了良好的生存栖息环境。

近年来，铜川境内鸟类资源从种类、数量、分布等方面都呈明显增长和扩大之势。据野生动物资源调查和日常监测显示，铜川仅鸟类就有 200 余种。从 2008 年开始，每年都有不同数量的天鹅飞抵铜川越冬；2013 年和 2015 年，原国家林业局和陕西省人民政府先后两次在铜川市耀州区沮河流域柳林林场野化放飞朱鹮 62 只，10 年来共成功繁育铜川籍朱鹮 163 只，成为秦岭以北朱鹮野外繁育驯化的成功范例；2022 年还首次在铜川境内拍摄到红腹锦鸡。

为了保护好这些珍贵的野生鸟类资源，我们根据日常观测记录，收集了摄影爱好者野外拍摄的鸟类照片，经过专家识别鉴定，整理编写了《铜川常见野生鸟类图鉴》，使之成为铜川市第一部具有科普价值的鸟类新著。本图鉴系统全面地介绍了在铜川常见的野生鸟类种类、识别特征、分布、栖息地及其生活习性等。书中涉及 111 种鸟类，并以图文并茂的形式呈现给读者，其中国家Ⅰ级保护鸟类 4 种、Ⅱ级保护鸟类 15 种和陕西省重点保护鸟类 5 种。本图鉴不仅具有鉴赏性、知识性的特点，还具备了科学性、专业性的特征，是从事野生动物保护管理、执法监督、驯养繁殖、开发利用等工作人员不可多得的参考书，更是向广大群众和全社会宣传鸟类知识的科普画卷。

本书编排上主要依据郑光美主编的《中国鸟类分类与分布名录》，还参考了同行专家们的论述，也得到了广大热爱野生动物摄影者们的大力支持，在此一并致谢！因编者专业水平有限，书中难免有错误及不足之处，恳请读者批评指正。

编者

2022 年 12 月

铜 川
常见野生鸟类图鉴

TONGCHUAN
CHANGJIAN YESHENG
NIAOLEI TUJIAN

目 录 Contents

其他

铜 川
常见野生鸟类图鉴

TONGCHUAN
CHANGJIAN YESHENG
NIAOLEI TUJIAN

1 朱鹮 国家Ⅰ级

属鹈形目、鹮科。大型涉禽，体长约 78 厘米，体重 1 200 ～ 1 900 克。全身白色，渲染有粉红色，以腋下及两翼最浓。头枕部有长的矛状羽，形成羽冠。头顶及两侧裸露无羽，皮肤呈朱红色。嘴长且向下弯曲略呈弧形，黑色，上、下嘴尖端和下嘴基部均为红色。跗跖朱红色。雌鸟在繁殖期体表为烟灰色，两翼粉红色较淡。幼鸟体羽似雌鸟，为灰色。

2013 年和 2015 年，原国家林业局和陕西省政府先后两次在铜川耀州区野化放飞朱鹮 62 只，现已繁育铜川籍朱鹮 163 只，成为中国秦岭以北朱鹮野外繁育驯化的成功范例。朱鹮现主要活动于耀州区的沮河及其支流和宜君县五里镇河，常栖息于河流附近的高大乔木上，以小鱼、泥鳅、虾、蟹、蛙、软体动物及昆虫为食。白昼活动，每年 3 月中旬至 6 月下旬为繁殖期。每窝产卵 1 ～ 4 枚，一般 3 枚。雌雄共同孵卵，28 天后雏鸟出壳，30 ～ 40 天幼鸟离巢活动。属于留鸟。

▲ 摄影：吕炳全

摄影：李雪平

摄影：张 力

2 黑鹳 国家Ⅰ级

属鹳形目、鹳科。大型涉禽，体长约 94 厘米，体重约 2 500 克。嘴、颈、跗跖甚长。雌雄羽色相似。成鸟嘴长而直，基部粗圆，往先端渐细，朱红色，尖端色淡。眼周裸露皮肤呈红色，虹膜呈褐色。上体从头至尾包括翼羽均呈黑褐色，头顶缀有绿辉，翅、背及尾上覆羽具紫绿色金属光泽。跗跖长，朱红色，胫下部裸出，具四趾，前三趾基部有蹼相连。幼鸟上体表面黑褐色，紫绿色光泽不明显。

黑鹳在铜川耀州区、印台区、宜君县均有分布。常栖息于林木较多的河流、库塘附近。性机警，难接近，站立时颈部常缩成“S”形，单腿独立。常单独活动，食物以鱼类为主。属于留鸟。

▲ 摄影：周海珍

摄影：李雪平

摄影：马玉侠

3 金雕 国家Ⅰ级

属鹰形目、鹰科。大型猛禽，体长约 85 厘米，体重 4 000 ～ 5 000 克。翼展约 190 厘米。头顶黑褐色，枕和后颈羽毛尖长，呈披针形，金黄色，具黑褐色羽干纹。上体暗褐色，肩部较淡。下体的颏、喉、前颈黑褐色，羽基白色。胸、腹亦为黑褐色，羽轴纹较淡。尾羽灰褐色，具不规则的暗灰褐色横斑和一宽黑褐色端斑，尾上覆羽淡褐色。覆腿羽、尾下覆羽、翅下覆羽均为暗褐色，覆腿羽具赤色纵纹。嘴端部黑色，基部蓝褐色或蓝灰色。趾黄色，爪黑色。飞行时腰部白色明显可见，尾长而圆，两翼呈浅“V”形。

金雕在铜川全境均可见到。常栖息于山区、沟壑和森林地带。主要捕食大型鸟类和中、小型兽类，有时也吃死尸。冬季多到平原、农田、山地、丘陵上空活动。多单独或成对白天活动，常随暖气流在高空翱翔。冬季也有成小群活动的现象。属于留鸟。

摄影：李雪平

摄影：李雪平

摄影：李雪平

4 大鸨 国家Ⅰ级

属鹤形目、鸨科。大型走禽，身体粗胖，体长约100厘米，体重5 000～8 000克。头蓝灰色，上体淡棕色，满布粗阔的黑色横斑，粗斑之间杂以较细黑斑。喉部近白色，被以细长的纤羽，纤羽在雄鸟喉侧向外突出呈须状。雌鸟较雄鸟小，无须状纤羽。后颈基部到胸侧有棕栗色横带，形成半环状。中央尾羽的棕色较浓，黑色横斑较疏。外侧尾羽棕色较淡，仅具2条横斑。羽基和羽端无白色，最外侧几对尾羽纯白色，仅近羽端处具1黑色横斑。下体自前胸以下均为白色。嘴铅灰色，先端近黑色。跗跖和趾褐色，仅具三趾，爪黑色。

大鸨在铜川秋冬季主要见于耀州区。常栖息于广阔的农田和离村庄较远的河滩地。杂食性。常5～15只成群活动。善奔跑，亦善飞翔，行走或奔跑时，头和颈常向上伸直，呈昂首挺胸的姿态。性胆怯，从不鸣叫。属于冬候鸟。

摄影：张大龙

摄影：张大龙

摄影：张大龙

5

大天鹅

国家Ⅱ级

属雁形目、鸭科。大型游禽，体长 120 ～ 160 厘米，体重 8 500 ～ 9 500 克。颈特长，几乎与躯干相等。雌雄羽色相同，全身皆呈白色。鼻孔椭圆形，上嘴基部黄色，沿嘴两侧向前延伸至鼻孔之下，约占嘴峰长度的一半。上嘴先端与下嘴黑色。跗跖、蹼、爪均为黑色。

大天鹅每年 11 月初迁徙至铜川耀州区越冬，次年 2 月底回归北方繁殖。常栖息于芦苇、水草丰盛的水库，多为数十只成群活动。主要以水生植物的叶、茎、根和种子为食，也吃少量软体动物、水生昆虫等。善游泳，很少潜水。在水面休息时，颈成“S”形，游泳时颈向上伸直，几与水面垂直。飞翔时，颈向前伸，两脚后伸至尾下，群体常排列成“一”字形或倒“V”字形。属于冬候鸟。

▼ 摄影：周海珍

▲ 摄影：李雪平

6 鸳鸯 国家Ⅱ级

属雁形目、鸭科。中型游禽，体长 34 ～ 43 厘米，体重约 500 克。雌雄异色。雄鸟羽色华丽，额和头顶中央为翠绿色，枕部为赤铜色，与后颈的暗紫绿色长羽组成枕冠。眼后有宽而长的辉亮栗色领羽。背、腰暗褐色，并具铜绿色金属光泽。翅具蓝绿色“翼镜”，繁殖期翅上有一对栗黄色的扇状直立“帆羽”，又称“相思羽”。尾羽暗褐色而带金属绿色。颏、喉近纯栗色。上胸暗紫色，下胸两侧绒黑色，具 2 条明显的白色横带，下胸至尾下覆羽纯白色。雌鸟头和颈的背面均为灰褐色，无枕冠，眼周白色，其后一条纹与眼周白圈相连，形成特有的白色眉纹，头和颈的两侧浅灰褐色，颏、喉白色，上体余部灰褐色，两翅羽色似雄鸟，但无直立“帆羽”。

鸳鸯在铜川主要分布于耀州区、印台区、宜君县。常栖息于河流、库塘、鱼池等处，出没于水面宽阔、周围多芦苇、水草等水生植物的水域。性杂食，以草籽、橡籽以及水生生物等为食。喜群居，属于旅鸟。

▲ 摄影：吕炳全

摄影：李雪平

摄影：周海珍

7 白琵鹭 国家Ⅱ级

属鹈形目、鹮科。大型涉禽，体长 80 ～ 93 厘米，体重 1 400 ～ 2 040 克。嘴长直而平扁，黑色，前端扩大成匙状，端部黄色。体羽白色，繁殖期枕部具长的橙黄色发丝状冠羽，前颈下部具橙黄色颈圈。非繁殖期（冬羽）无冠羽，前颈下部亦无橙黄色颈圈。喉部裸露无羽，呈橙黄色。跗跖较长，黑色，具有四趾，位于同一平面上。

白琵鹭在铜川主要分布于耀州区。常栖息于开阔的水库边及河流滩地。主要于浅水处取食小鱼、虾、蟹、水生昆虫、昆虫幼虫、软体动物及蛙、蝌蚪等，也吃一些植物性食物。善飞翔，鼓翼缓慢而有节奏。属于旅鸟。

摄影：安小英

摄影：李雪平

8 斑头秋沙鸭 国家Ⅱ级

属雁形目、鸭科。小型游禽，体长 36 ～ 46 厘米，体重 365 ～ 780 克。雄鸟繁殖羽头颈白色，眼周和眼先黑色，在眼区形成一黑斑。枕部两侧黑色，中央白色，各羽均延长形成羽冠。背黑色，上背前部白色，具黑色端斑，形成两条半圆形黑色狭带，往下到胸侧；中覆羽白色，在翅上形成一个大而明显的白色翼斑。肩前部白色，后部暗褐色，腰和尾上覆羽灰褐色，下体白色，两肋具灰褐色波浪状细纹。雄鸟非繁殖羽似雌鸟，单眼先黑色部分较窄，且不甚明显。雌鸟额、头顶一直到后颈栗色，眼先和脸黑色，颊、颈侧、颏和喉白色，背至尾上覆羽黑褐色，肩羽灰褐色，前颈基部至胸灰白色，两肋灰褐色。

斑头秋沙鸭在铜川主要见于耀州区。常栖息于河流、库塘等水域。主要以小鱼为食，也大量捕食软体动物、甲壳类、石蚕等水生无脊椎动物。善游泳和潜水，起飞时不用两翅拍打水面或助跑。常成群活动，有时亦与其他鸭类混群活动。属于冬候鸟。

摄影：张力

摄影：李雪平

9 灰脸鵟鹰 国家Ⅱ级

属鹰形目、鹰科。中型猛禽，体长约 42 厘米，体重约 410 克。头至背灰褐色，眼周及眼后耳羽灰褐色，眉纹白色，喉白色，有 4 条黑色宽阔横带。飞行时，从腹面观之，翼下羽白色略带淡褐色斑纹。胸及腹部密布横纹。幼鸟背部褐色，腹面有黑褐色纵纹。嘴黑色，跗跖黄色，爪黑色。

灰脸鵟鹰在铜川全境均有分布。常栖息于山区森林地带。主要以昆虫、蛙类和鱼为食。飞行迅速，常近地面飞行。属于冬候鸟。

▲ 摄影：李雪平

10 普通鵟 国家Ⅱ级

属鹰形目、鹰科。大型猛禽，体长 57 ～ 72 厘米，体重约 1 200 克。体羽颜色变化较大，有淡色型、暗色型和中间型，以淡色型最为常见。淡色型头羽具窄的暗色羽缘。上体灰褐色，羽缘白色，微缀紫色光泽。颏和喉部具淡褐色纵纹。下体乳黄白色，胸和两肋具粗的棕褐色横斑，腹部有细的淡褐色斑纹。飞羽黑褐色，羽缘白色，展翅时在翼下形成显著的白斑。尾羽暗灰褐色。虹膜褐色，嘴黑褐色，蜡膜黄色，跗跖和趾黄色，爪黑色。

普通鵟在铜川全境均可见到。常栖息于山区林缘、沟壑、台塬地带，冬季常出没于低山丘陵、平原地带的农田、村落及城市附近。主要以鼠类、兔、蛙、蜥蜴、小型鸟类、昆虫为食，也啄食一些动物尸体。多白天单独活动。通常营巢于树上和悬崖峭壁上，巢呈盘状。属于旅鸟。

▲ 摄影：周海珍

▲ 摄影：周海珍

▲ 摄影：周海珍

11 红隼

国家Ⅱ级

属隼形目、隼科。小型猛禽，体长 31 ～ 38 厘米，体重 130 ～ 185 克。翼展 70 ～ 76 厘米。雄鸟、雌鸟及幼鸟体羽颜色有差异。雄鸟头顶、头侧、后颈、颈侧蓝灰色，前额、眼先、眉纹棕白色。背、肩、翅上覆羽砖红色，具近似三角形的黑色斑点。腰和尾上覆羽蓝灰色。颏、喉棕白色，胸、腹、两胁棕色。胸、上腹具黑褐色细纵纹，下腹、两胁具黑褐色矢状斑。雌鸟整个上体棕红色，头顶、后颈及颈侧具较粗的黑褐色羽干纹。背、尾上覆羽具较粗的黑褐色横斑。下体乳黄色微沾棕色，胸、腹、两胁具黑褐色纵纹。幼鸟和雌鸟相似，但上体斑纹较粗。嘴基蓝黄色，尖端灰色。跗跖和趾深黄色，爪黑色。

红隼在铜川全境均有分布。常栖息于开阔的山麓、疏林、灌丛、林缘附近的耕地、荒地、沟谷。夏季主要以昆虫为食，有时也捕食小型爬行类和鼠类；冬季则主要捕食鼠类和雀形目的小鸟，常袭击幼鸟为食。多白天单独或雌雄成对活动，叫声尖而刺耳。属于留鸟。

摄影：李雪平

▲ 摄影：李雪平

12 红腹锦鸡 国家Ⅱ级

属鸡形目、雉科。大型陆禽，体长约 98 厘米，体重约 700 克。 雌雄异色。雄鸟体形修长，羽色华丽。头具金黄色丝状羽冠，上体除上背浓绿色外，其余为金黄色。后颈被有橙棕色而缀有黑边的扇状羽，形成披肩状。脸、喉和前颈锈红色。下体自喉以下为纯红色，羽枝离散如发。肛周淡栗红色。尾长 38 ～ 42 厘米，一对中央尾羽黑褐色，外侧尾羽橘色。雌鸟头顶棕黄色而具黑褐色横斑。颊棕黄而缀黑色。耳羽银灰色，背棕黄至棕红色，具粗的黑褐色横斑。腰及尾上覆羽棕黄色。嘴和跗跖黄色。

红腹锦鸡在铜川只见于耀州区分布。常栖息于落叶林、常绿落叶混交林的林缘灌丛地带。主要以野生植物的嫩叶、花、果、种子为食，也吃小麦、大豆、玉米、四季豆等农作物。冬季常到林缘农田觅食。春夏季节常单独或成对活动，冬季多集群活动。属于留鸟。

摄影：红外相机拍摄

13 斑头鸺鹠

国家Ⅱ级

属鸮形目、鸱鸮科。小型猛禽，体长约26厘米，体重约180克。无耳簇羽，无领斑。上体、头和颈的两侧以及翅的表面暗褐色，密布细狭的棕白色横斑，此横斑在头顶部特别细小而密。喉部有一显著的白色斑块，胸部白色，下胸具褐色横斑。腹白色，下腹和肛周羽具稀疏而宽阔的褐色纵纹。尾下覆羽纯白色，腿覆羽白而杂以褐色斑。跗跖被羽。嘴黄绿色，基部较暗，蜡膜暗褐色。趾黄绿色，具棘状硬羽。爪近黑色。

斑头鸺鹠在铜川全境均有分布。常栖息于山地、丘陵及平原村落附近的阔叶林中。主要捕食各种昆虫及其幼虫，也吃鼠类、小鸟、蛙、蜥蜴、蚯蚓等。常单独或成对以白天活动为主，也在晚上活动。属于留鸟。

摄影：李雪平

14 红角鸮 国家Ⅱ级

属鸮形目、鸱鸮科。小型猛禽，体长约 20 厘米，体重约 100 克。嘴褐色，较短而侧扁，先端弯曲成钩状，下嘴尖端黄色。眼大而向前，眼周羽毛排列成“面盘”。“面盘”灰褐色杂以纤细黑色纹，四周围有不明显的淡褐色翎领。在头的两侧有两簇显著的耳羽，羽基呈棕色，羽端灰褐色。腹部和尾下覆羽白色，各羽有一棕色斑块，羽端杂以褐色细斑。腿覆羽淡棕色，密杂以褐色斑。跗跖被羽灰黄色，趾裸露，肉红色。爪褐色，强壮而弯曲。

红角鸮在铜川全境均有分布。常栖息于靠近水源的山地、河谷、森林，平原地带少见，比较喜欢阔叶树。主要以鼠类、蝗虫及鞘翅目昆虫为食。夜行性，黄昏开始活动，多在晚上觅食，也到树木较多的居民点附近觅食。属于留鸟。

▲ 摄影：李雪平

15 红脚隼

国家Ⅱ级

属隼形目、隼科。小型猛禽，体长 28 ～ 33 厘米，体重约 130 克。雄鸟、雌鸟及幼鸟体色有差异。雄鸟上体大都为石板黑色。颏、喉、颈侧、胸、腹部淡石板灰色，肛周、尾下覆羽、覆腿羽棕红色。雌鸟上体大致为石板灰色。下背、肩具黑褐色横斑。颏、喉、颈侧乳白色，其余下体淡黄白色或棕白色。胸部具黑褐色纵纹，腹中部具点状或矢状斑。腹两侧和两胁具黑色横斑。幼鸟和雌鸟相似，但上体褐色，具宽的淡棕褐色端缘和显著的黑褐色横斑。下体棕白色，胸和腹部纵纹甚为明显，肛周、尾下覆羽、覆腿羽淡皮黄色。嘴黄色，先端石板灰色。跗跖和趾橙黄色，爪淡黄白色。

红脚隼在铜川全境均可见到。常栖息于低山疏林、林缘、山脚平原，丘陵地区的草地、河流、山谷和农田等开阔地区。主要以昆虫为食，有时也捕食小型鸟类、蜥蜴、石龙子、蛙、鼠类等小型脊椎动物。多白天单独活动。经常强占喜鹊的巢，通常营巢于疏林中高大乔木树顶枝杈上。属于夏候鸟。

摄影：李雪平

摄影：李雪平

摄影：李雪平

16 游隼 国家Ⅱ级

属隼形目、隼科。中型猛禽，体长约 43 厘米，体重约 720 克。头部和后颈暗蓝灰到黑色，脸侧有明显的灰色髭纹。背、肩蓝灰色，尾青黑具数条黑色宽横斑，先端淡白。下体近白色或淡棕色，在胸、腹及胁部有黑色纵纹和横斑。嘴尖黑色，趾和爪橙黄色。

游隼在铜川主要见于耀州区。常栖息在开阔的农田、河谷、草地、低山丘陵地带。食物以小型鸟类为主，也捕食鼠类。属益害兼有鸟类。通常营巢在悬崖绝壁的缝隙中，也用其他鸟旧巢。属于旅鸟。

摄影：李雪平

摄影：李雪平

17 橙翅噪鹛 国家Ⅱ级

属雀形目、噪鹛科。中型鸣禽，体长约 23.5 厘米，体重约 60 克。雌雄羽色相似，通体大都灰褐色。飞羽和尾羽的边缘有橙黄色，尾下覆羽栗红色。嘴黑色。跗跖褐色。

橙翅噪鹛在铜川全境均可见。常栖息于山地乔木林及灌丛中。主要以昆虫和植物种子为食。通常营巢于栎树等枝丫上。属于留鸟。

▲ 摄影：李雪平

▲ 摄影：李雪平

▲ 摄影：安小英

摄影：安小英

摄影：李雪平

18 红嘴相思鸟 国家Ⅱ级

属雀形目、噪鹛科。小型鸣禽，体长 13 ~ 15 厘米，体重约 22 克。 额、头顶和枕部呈沾黄的橄榄绿色。背、腰和尾上覆羽呈暗灰的橄榄绿色。飞羽黑褐色，羽基赤红色，形成显著的翅斑。尾羽暗橄榄绿色，中央尾羽具亮蓝黑色羽端，外侧尾羽外翈的羽端和近端亦亮蓝黑色。尾呈叉状。眼先和眼周淡黄色，耳羽橄榄黄色，颊暗灰绿色，颈侧暗灰绿色。颏、喉黄色，上胸橙红色，下胸、腹和尾下覆羽乳黄色。嘴红色。跗跖、趾暗黄色。

红嘴相思鸟在铜川主要见于耀州区。常栖息于山地针阔混交林的灌丛。主要以植物果实、种子和昆虫为食。通常营巢于矮灌丛中、山坡孔穴、田边树冠中部。巢呈碗形。为著名观赏鸟。属于留鸟。

▲ 摄影：李雪平

摄影：李雪平

摄影：李雪平

19 鹮嘴鹬 国家Ⅱ级

属鸻形目、鹮嘴鹬科。中型涉禽，体长 38 ～ 42 厘米，体重 253 ～ 337 克。前额、头顶黑色。头顶两侧、枕部、后颈、上背前部石板灰色。背、腰、肩、翅上覆羽灰褐色。飞羽深灰色，尾上覆羽黑色，尾羽苍灰色。眼先、颊、颏、喉、前颈黑色，具白色镶边。上胸石板灰色，下缘以白色半环带，此带下方具一宽阔黑色半环。下体余部白色。嘴细长而向下弯曲，呈朱红色。跗跖及趾血红色。

鹮嘴鹬在铜川主要见于耀州区。常栖息于河流、库塘边缘。主要以昆虫、蠕虫及小鱼为食。通常营巢于离水较近的地面上，巢由小砾石堆砌而成。属于留鸟。

摄影：李雪平

摄影：李雪平

20 画眉 国家Ⅱ级

属雀形目、画眉科。小型鸣禽，体长 21 ～ 25 厘米，体重约 68 克。雌雄羽色相同。眼圈白色，有清晰的白色眉纹，故得“画眉”之名。上体橄榄褐色，头顶至上背具有黑褐色纵纹，下体除腹部中央呈灰色，余部均为棕黄色。颏、喉、上胸布有黑褐色细斑。覆腿羽棕红色。上嘴褐黄色，下嘴黄色。跗跖及趾黄褐色。爪淡黄褐色。

画眉在铜川境内较为少见。常栖息于台塬、低山的灌木丛、矮树丛中，喜单独或结小群活动。擅长鸣唱，为著名鸣禽。杂食性，主要以昆虫为食，兼食野果、杂草种子等。多营巢于近水的山坡或山沟的灌丛或矮树上，巢呈深杯状。属于留鸟。

▲ 摄影：王玉峰

▲ 摄影：邓大江

21 翘鼻麻鸭 省级重点

属雁形目、鸭科。大型游禽，体长52～63厘米，体重800～1 700克。体羽大都白色。雄鸟头和上颈黑褐色，具绿色光泽。下颈、背、腰、尾上覆羽和尾羽全白色，尾羽具黑色横斑。肩羽黑褐色，由上背至胸有一条宽阔的栗色环带。尾下覆羽棕白色，其余下体白色。嘴上翘赤红色。雌鸟羽色较雄鸟略淡，头和颈不具绿色金属光泽。前额有一小的白色斑点，棕栗色胸带窄而色浅，腹部黑色纵带亦不甚清晰。嘴上翘，赤红色或紫红色。跗跖肉红色或粉红色，爪黑色。飞翔时翼上和翼下之白色覆羽、绿色翼镜、黑色飞羽和腹部纵带以及棕栗色的胸环和鲜红色的嘴与跗跖形成鲜明的对照。

翘鼻麻鸭在铜川主要见于耀州区。栖息于开阔的库塘、河流滩地。主要以陆栖昆虫、水生昆虫、藻类、小鱼和鱼卵等动物性食物为食。喜欢成群生活。属于夏候鸟。

摄影：周海珍

22 绿头鸭 省级重点

属雁形目、鸭科。大型游禽，体长 50 ～ 62 厘米，体重约 1 000 克。雄鸟嘴黄绿或橄榄绿，嘴甲黑色。跗跖红色。头、颈绿色，具辉亮的金属光泽。颈部有一明显的白色领环。上体、上背及两肩褐色，杂以密的灰白色波状细纹，羽缘棕黄色。下背黑褐色，腰和尾上覆羽绒黑色，微具绿色光泽。中央两对尾羽黑色，向上卷曲成钩状，外侧尾羽灰褐色，具白色羽缘，最外侧尾羽大都灰白色。两翅灰褐色，翼镜紫蓝色具金属光泽，其前后缘各有一条绒黑色窄纹和白色宽边。上胸浓栗色，具浅棕色羽缘。下胸和两胁灰白色，杂以细密的暗褐色波状纹。腹部色淡，亦密布暗褐色波状细纹。尾下覆羽绒黑色。雌鸟头顶至枕部黑色，具棕黄色羽缘。头侧、后颈和颈侧浅棕黄色，杂有黑褐色细纹。上体亦为黑褐色，具棕黄或棕白色羽缘，形成明显的“V”形斑。尾羽淡褐色，羽缘淡黄白色。两翅似雄鸟，具紫蓝色翼镜。颏和前颈浅棕红色，其余下体浅棕色或棕白色，杂有暗褐色斑或纵纹。嘴黑褐色，嘴端暗棕黄色。跗跖橙黄色。

绿头鸭在铜川全境均有分布。常栖息于水生植物丰富的河流、库塘等水域。系杂食性，主要以野生植物的叶、芽、茎、种子和水藻等为食，也吃软体动物、甲壳类、水生昆虫等。常见成群活动。属于冬候鸟。

摄影：李建荣

▲ 摄影：周海珍

▼ 摄影：李雪平

23 斑嘴鸭

省级重点

属雁形目、鸭科。大型游禽，体长 53 ～ 64 厘米，体重 850 ～ 1 200 克。雌雄羽色相似。上嘴黑色，先端黄色。雄鸭从额至枕棕褐色，从嘴基经眼至耳区有一棕褐色纹。眼先、颊、颈侧、颏、喉均呈淡黄白色，点缀有暗褐色斑点。上背灰褐沾棕色，下背褐色。腰、尾上覆羽和尾羽黑褐色。翅上覆羽暗褐色，大覆羽近端处白色，端部黑色，形成翼镜前缘的白色纹。胸淡棕白色，杂有褐色斑。腹部褐色。雌鸟似雄鸟，但上体后部较淡，下体自胸以下均淡白色。嘴蓝黑色，嘴端黄斑不明显，嘴甲尖端微具黑色。胫和跗跖橙黄色。爪黑色。

斑嘴鸭在铜川全境均有分布。常栖息于河流、水塘和草滩地带。主要以水生植物的叶、嫩芽、茎、根和松藻、浮藻等水生藻类以及草籽等为食。常成群活动。属于冬候鸟。

▲ 摄影：周海珍

▼ 摄影：李雪平

▲ 摄影：李雪平

24 黄喉鹀 省级重点

属雀形目、鹀科。小型鸣禽，体长约 16 厘米，体重约 16 克。雄鸟眉纹、枕、颊和上喉辉黄色。下喉及颈侧白色。头顶羽冠和头侧黑色，羽冠覆于黄色枕羽上。背和肩棕栗色，腰灰色。尾上覆羽灰褐沾棕色，两翼黑褐色。大、中覆羽具棕白色宽缘，形成两道翼斑。中央尾羽灰褐色，外侧尾羽黑色。胸具黑色半圆形胸斑，下体余部近白而微沾棕色。雌鸟头顶为黑褐而沾黄色。眉纹、枕及颏、上喉沙黄色。下喉和颈侧白色，胸斑黑褐色。其余羽色与雄鸟相同。

黄喉鹀在铜川全境均有分布。常栖息于农田、灌丛、沟谷、居民点、林缘等地。主要以杂草种子、昆虫和谷粒等为食。属于留鸟。

雄鸟

▲ 摄影：李雪平

雌鸟

▲ 摄影：安小英

25 白眼潜鸭 省级重点

属雁形目、鸭科。中型游禽，体长约 40 厘米，体重约 550 克。雄鸭头、颈及胸等部分暗栗色，上体余部大都黑褐色。上腹和尾下覆羽白色。雌鸭头、颈棕色，其他部位与雄鸭相似。

白眼潜鸭常见于铜川的耀州区。多栖息于水草和芦苇丛生的河流、库塘、沼泽等湿地。杂食性，多以植物的球茎、嫩枝、芽、叶、种子为食，也捕食甲壳类动物、软体动物、水生昆虫、鱼等。善于潜水。属于旅鸟。

摄影：李雪平

摄影：李雪平

26 小䴙䴘

三有动物

属䴙䴘目、䴙䴘科。小型游禽，体长25～32厘米，体重约198～235克。夏羽额、眼先、颊、头顶、后颈黑色，头后、颈侧棕栗色。肩、背、腰为深棕褐色。颏、喉部黑色杂有白色，向后转为棕栗色，至胸部为黑棕色。羽端白，呈棕、白色相杂状。冬羽额部至上体棕褐色。颏、喉白色，颈部棕黄色。胸侧及两胁棕白色，尾棕黑色，是水禽中体形最小的一种。

小䴙䴘在铜川全境均有分布，常栖息于有芦苇、水草的河流、库塘。多单独或成对活动，善游泳和潜水。通常白天活动觅食。主要以各种小型鱼类为食，也吃虾、蜻蜓幼虫、蝌蚪、甲壳类、软体动物和蛙等，偶尔也吃水草等少量水生植物。属于留鸟。

摄影：安小英

摄影：周海珍

摄影：李雪平

27 凤头䴙䴘 三有动物

属䴙䴘目、䴙䴘科。中型游禽，体长 45 ～ 58 厘米，体重 500 ～ 1 000 克。夏羽前额、头顶黑褐色。枕部两侧羽毛向后延长成羽冠。眼先有一黑线。头部两侧呈黄色。上体暗褐色。翅暗褐色，具白色翼斑。颏、喉部黄白色，白色之下有栗色羽毛围绕在喉的下部，形成一围绕颈的栗色环。下体亮白色，富有光泽。腋羽和翼下覆羽白色。冬羽头部羽冠不明显，下喉和颈上部由栗红色和黑色长羽形成的环纹亦不显著。嘴长而尖。

凤头䴙䴘在铜川全境均有分布。常栖息于河流、库塘。极善潜水，主要以鱼类、水生昆虫为食，也吃部分水生植物。属于旅鸟。

摄影：李雪平

摄影：李雪平

摄影：李雪平

28 普通鸬鹚 三有动物

属鲣鸟目、鸬鹚科。 大型游禽，体长约 80 厘米，体重约 2 000 克。体羽黑色具紫色光泽。头和颈被有白色细丝状羽。肩羽和翼上大覆羽呈暗棕褐色。繁殖期间脸部有红色斑，下胁有一块白色斑。喉部色白，形成一个宽带包围着裸露的喉囊。喉囊黄色，具有伸缩性。上嘴弯曲呈钩状。

普通鸬鹚在铜川主要分布于耀州区、宜君县。常生活于宽阔的水库。性喜群栖，尤其在繁殖季节。游泳和潜水能力很强，嗜食鱼类。属于旅鸟。

摄影：李雪平

29 苍鹭 三有动物

属鹈形目、鹭科。大型涉禽，体型纤瘦，体长约 93 厘米，体重约 1 500 ～ 1 750 克。嘴直尖。颈长，似“Z”字形。嘴黄绿色，跗跖黄偏黑色。身体以灰、白色为主。头顶和颈白色，前颈有黑纵纹。眼后有两条辫状黑冠羽。下体灰白色，前胸两侧至肛门周围有紫黑色带斑。雌鸟体形稍小，黑冠羽较短，胸两侧紫黑色块斑较淡。幼鸟头顶黑褐色，无辫羽。

苍鹭在铜川全境均有分布。常栖息于河流岸畔及库塘的浅水处，常单腿或双腿缩颈而立，注视水面。飞行时缩颈伸足，鼓翼缓慢。食物主要以鱼类为主，还吃水草、水生昆虫、两栖类动物、鼠类。通常营巢于大树上。属于留鸟。

摄影：杨爱英

▲ 摄影：唐朝谋

▼ 摄影：刘晓娟

30 池鹭 三有动物

属鹈形目、鹭科。中型涉禽，体长 45 ~ 54 厘米，体重约 150 ~ 200 克。嘴粗直而尖，黄色，尖端黑色。跗跖橙黄色。头部、枕部冠羽和颈均栗红色，冠羽甚长，一直延伸到背部。下颈和上胸羽毛呈长矛状。上背和肩羽铅灰褐色，呈蓑衣状；其余体羽白色。

池鹭在铜川主要栖息于耀州区、印台区、宜君县的河流、库塘等地。性好群居，但冬季多单独生活。以小鱼、蟹、虾、蛙、小蛇等动物性食物为主，兼吃少量植物性食物。通常营巢于树冠部，巢较简陋。属于夏候鸟。

▲ 摄影：周海珍

▲ 摄影：李雪平

31 大白鹭 三有动物

属鹈形目、鹭科。大型涉禽，体长约 95 厘米，体重 890 ～ 900 克。体羽白色，无冠羽。颈长且弯曲。腿长、黑色。翼长大于 40 厘米。夏羽、嘴皆黑色。背部有 3 列蓑羽直达尾部，前颈下部有矛状羽。冬羽、嘴同为黄色，冬季蓑羽脱落。飞行时腿伸出，尾羽很长。

大白鹭在铜川全境均有分布。常栖息于河流草滩、苇丛、库塘浅水区及鱼塘附近。主要以鱼、蛙、软体动物、甲壳动物、水生昆虫为食，偶食幼鸟、小型啮齿动物。涉水时步态轻盈，飞行时悠扬缓慢。属于冬候鸟。

▲ 摄影：李建荣

摄影：马玉侠

摄影：寇群利

32 白鹭

三有动物

属鹈形目、鹭科。中型涉禽，体长 52 ～ 60 厘米，体重 350 ～ 540 克。嘴较长、黑色，腿也较长。颈甚长，体羽白色。夏羽枕部着生两条狭长而软的矛状羽，状若头后的两条辫子。肩和背部着生羽枝分散的长形蓑羽，一直向后伸展至尾端。前颈下部也有长的矛状饰羽，向下披至前胸。冬羽全身亦为乳白色，但头部冠羽，肩、背和前颈之蓑羽或矛状饰羽消失。

白鹭在铜川全境均有分布。常栖息于河流、库塘和鱼塘附近。主要以各种小鱼、黄鳝、泥鳅、蛙、虾、水蛭、蜻蜓幼虫、蝼蛄、蟋蟀、蛴螬等鞘翅目及鳞翅目幼虫、水生昆虫等动物性食物为食，有时也吃少量谷物等植物性食物。喜集群。时常一条腿站立于水中，另一腿曲缩于腹下，长时间呆立不动。飞行时头往回缩至肩背处，颈向下曲成袋状，两腿向后伸直，远远突出于尾后，两翅缓慢地鼓动飞翔。通常晚上成群栖息在高大树木顶部。属于留鸟。

摄影：张力

摄影：李雪平

摄影：安小英

33 牛背鹭 三有动物

属鹈形目、鹭科。中型涉禽，体长 50 ～ 52 厘米，体重 390 ～ 440 克。嘴橙黄色。跗跖黑褐色。全身羽毛大部白色，头、颈、喉及上胸蓑羽呈鲜黄橙色。背上蓑羽长达尾端，为金黄色。冬羽全身白色，背无蓑羽。

牛背鹭在铜川主要分布于耀州区。常栖息于河流、库塘、湿地等。主要以鱼、水生昆虫为食。时常停于牛和其他家畜背上，啄食其体上寄生虫。集群营巢于高树上。属于留鸟。

摄影：李雪平

▲ 摄影：李雪平

▲ 摄影：李雪平

34 灰雁 三有动物

属雁形目、鸭科。大型游禽，体长 80 ～ 90 厘米，体重 3 000 ～ 4 000 克。上体灰褐色，下体污白色。头顶和后颈褐色，背和两肩灰褐色，具棕白羽缘。腰灰色，两侧白色。飞羽黑褐色，尾上覆羽白色，尾羽褐色。具白色端斑和羽缘，最外侧两对尾羽全白色。头侧、颏和前颈灰色，胸、腹污白色，具不规则的暗褐色斑，并由胸向腹逐渐增多。两胁淡灰褐色，羽端灰白色，尾下覆羽白色。雌雄相似，雄略大于雌。

灰雁在铜川全境均有分布，常出没于生长芦苇和水草的库塘、河流、湿地。食物主要为各种水生和陆生植物的叶、根、茎、嫩芽、果实和种子等植物性食物。有时也吃螺、虾、昆虫等动物性食物。迁徙期间和冬季，亦吃散落的农作物种子和幼苗。除繁殖期外，常成群活动，特别是迁徙期间。主要在白天觅食，夜间休息。属于旅鸟。

▼ 摄影：李雪平

▲ 摄影：李雪平

▲ 摄影：李雪平

35 赤麻鸭 三有动物

属雁形目、鸭科。大型游禽，体长 51 ～ 68 厘米，体重 1 100 ～ 1 500 克。全身赤黄褐色，翅上有明显的白色翅斑和铜绿色翼镜。嘴、跗跖、尾黑色。雄鸟有一黑色颈环，头顶棕白色。胸、上背及两肩均赤黄褐色，下背稍淡。腰羽棕褐色，具暗褐色虫蠹状斑。尾和尾上覆羽黑色。下体棕黄褐色，腋羽和翼下覆羽白色。雌鸟羽色和雄鸟相似，但色稍淡，头顶和头侧几白色。颈基部无黑色领环。

赤麻鸭在铜川主要分布于耀州区、印台区、宜君县。常栖息于河流、库塘及其附近的荒地、滩地和浅山疏林等各类生境中。主要以水生植物叶、芽、种子、农作物幼苗、谷物等为食，也吃昆虫、甲壳动物、软体动物、虾、水蛭、蚯蚓、小蛙和小鱼等。繁殖期成对生活，非繁殖期则以家族群和小群生活。属于冬候鸟。

▼ 摄影：李雪平

▲ 摄影：周海珍

▲ 摄影：李雪平

36 赤膀鸭 三有动物

属雁形目、鸭科。中型游禽，体长约 52 厘米，体重约 850 克。雄鸭嘴黑色，背部暗褐色，前部杂以白色波纹。胸部褐色具新月状白斑，腹部白色。尾上、下覆羽绒黑色。翼镜黑白色。雌鸭体背暗褐色，下体白沾棕色，具褐色斑。

赤膀鸭在铜川常见于耀州区。多栖于水生植物繁茂的河流、库塘浅水区及其他各类水域。主要以谷物、浆果、杂草及其种子为食。属于冬候鸟。

摄影：周海珍

37 红头潜鸭 三有动物

属雁形目、鸭科。中型游禽，体长约 47 厘米，体重约 750 克。雄鸭头、颈栗红色，背和胸黑色。肩和下背灰色且杂以黑色波状斑。翼镜、腹灰色，雌鸭头和颈棕褐色。胸暗黄褐色，腹灰褐色。

红头潜鸭在铜川全境均有分布。常栖息于水生植物丛生的开阔水域。主要以水生藻类为食，也捕食软体动物和鱼、蛙等。属于冬候鸟。

摄影：李雪平

摄影：李雪平

38 鹊鸭 三有动物

属雁形目、鸭科。中型游禽，体长约 46 厘米，体重约 850 克。雄鸭头黑色，两颊近嘴基处有大型白色圆斑。上体黑色，外侧肩羽及下体白色。雌鸭较小，头、颈褐色。颊无白斑，颈基具污白色圆环。上体淡褐色，余部同雄鸭。

鹊鸭在铜川常见于耀州区、印台区、宜君县。常栖息于库塘、河流、水草地等。杂食性，喜食螺、蛤以及水生植物。属于冬候鸟。

▲ 摄影：李雪平

▲ 摄影：李雪平

39

环颈雉

三有动物

属鸡形目、雉科。大型陆禽，体长 69 ~ 100 厘米，体重 820 ~ 1 200 克。雄鸟羽色华丽，颈部有白色颈圈，与金属绿的颈形成显著的对比。尾羽长，灰黄色，上有黑色横斑。雌鸟羽色暗淡，褐色和棕黄色杂以黑斑。尾羽较短。

环颈雉在铜川全境均有分布。常栖息于山区灌木丛、草丛、山谷草甸及林缘、近山耕地和苇塘内。以植物种子、嫩叶、芽、浆果、农田谷物和昆虫等为食。善于奔跑，仅能短距离飞行。在灌丛、草丛或芦苇间，甚至庄稼地的地面上营巢繁殖。属于留鸟。

摄影：李雪平

摄影：李雪平

40 黑水鸡 三有动物

属鹤形目、秧鸡科。中型游禽，体长30～35厘米，体重140～400克。嘴鲜红色，先端黄色。成鸟头顶部和上背灰黑色，下背、腰、尾羽、尾上覆羽均呈橄榄绿色。下体羽灰黑色，向后渐淡。下腹部羽端缀以白色，形成黑白相杂的块状斑。两胁有宽阔的白色条纹，尾下覆羽两侧白色，中央黑色。跗跖前面黄绿色，后面灰绿色。趾灰绿色。

黑水鸡在铜川全境均有分布。常栖息于河流、库塘的近水灌丛、草丛、芦苇丛等处。主要以植物嫩芽、根茎、水生昆虫、蠕虫、软体动物等为食。单独或成对活动，很少成群。飞行能力不强，多在地面活动，善游泳，善潜水。通常营巢于苇丛、草丛地面或灌木上。属于夏候鸟。

摄影：安小英

▲ 摄影：李雪平

▼ 摄影：李雪平

41 黑翅长脚鹬 三有动物

属鸻形目、反嘴鹬科。中型涉禽，体长34～40厘米，体重146～200克。雄鸟额白色，头部眼以上为黑色，并伸延至后颈。背、肩及翼黑色，具绿色金属光泽。颊、前颈与下体均为丝光白色。尾羽白色或略沾淡灰褐色。雌鸟头部、后颈黑褐色斑较小。背、肩及翼黑褐色，泛金属光泽。嘴细而长，黑色。胫、跗跖均很长，橙红色。

黑翅长脚鹬在铜川全境均有分布。常栖息于河流、库塘边缘。主要以软体动物、甲壳类、昆虫为食。营巢于水边、苇塘等处露出水面的地方。属于夏候鸟。

▲ 摄影：安小英

摄影：李雪平

摄影：李雪平

42 灰头麦鸡

三有动物

属鸻形目、鸻科。中型涉禽，体长约 40 厘米，体重约 275 克。头部和颈部灰色，后颈略带灰褐色。上体背、肩暗褐色。腰、尾上覆羽、尾羽纯白色，除外侧尾羽外，次端黑色，末端白色。下体胸部暗褐色，腹、胁、翅下和尾下覆羽均呈白色，在两色分界处形成黑色斑状环。嘴黄色，尖端黑色。跗跖黄色，爪黑色。

灰头麦鸡在铜川主要见于耀州区。常栖息于河流、溪流两旁的草丛中。主要以昆虫、蠕虫、草籽、植物嫩叶和芽为食。通常营巢于裸露或有草丛的地面上。属于旅鸟。

▲ 摄影：安小英

▲ 摄影：李雪平

▲ 摄影：李雪平

43 长嘴剑鸻 三有动物

属鸻形目、鸻科。小型涉禽，体长约 21 厘米，体重约 60 克。夏羽上体灰褐色，下体白色。颈具黑、白两道颈环，白环较宽，在前颈与喉白色相连，黑环在胸部变宽。额白色，头顶前部紧靠白色额部有一宽的黑色横带。眼先暗褐色，有宽的暗褐色贯眼纹。褐色耳覆羽上面有一起自眼后上方的显著的白色眉纹。冬羽额带、胸带和贯眼纹褐色。嘴黑色，下嘴基部黄色，尖端黑色。跗跖为暗黄色。

长嘴剑鸻在铜川全境均有分布。常栖息于河滩、库塘岸边。主要以鞘翅目、鳞翅目、膜翅目、直翅目、半翅目等昆虫的成虫和幼虫为食，也吃蚯蚓、螺、蜘蛛等其他小型无脊椎动物和植物的嫩芽与种子。通常单独或成小群活动。行走迅速，反应机敏。属于旅鸟。

▲ 摄影：李雪平

44 白腰草鹬 三有动物

属鸻形目、鹬科。小型涉禽，体长约 23 厘米，体重约 80 克。夏羽前额、背、肩及翼上覆羽灰褐色，头顶具黑色与白色细的纵纹。背、肩及翼上覆羽具细小的白色斑点。眼周白色。颊、颈及上胸白色，具较粗的黑褐色纵斑。飞羽黑褐色。腋羽、翼下覆羽灰黑褐色，具细小的白色斑点。下背及腰褐色。尾上覆羽白色，尾羽端部具黑色横斑。下体白色。冬羽上体褐色，头、颈及上胸斑点不十分明显，呈淡褐色。嘴灰褐色或暗绿色，尖端黑色。跗跖灰绿色。

白腰草鹬在铜川主要见于耀州区。常栖息于河流、库塘岸边及湿地。主要以昆虫、软体动物、甲壳类动物为食，也部分植物种子。通常于水边或湿地草丛中营巢。属于旅鸟。

▲ 摄影：安小英

摄影：李雪平

45 红嘴鸥 三有动物

属鸻形目、鸥科。中型涉禽，体长 35 ～ 43 厘米，体重 205 ～ 374 克。嘴赤红色，先端黑色。跗跖和趾赤色，冬季转为橙黄色。爪黄色，眼周白色。夏羽头顶、前额、喉、前颈棕褐色。下背、肩、腰珠灰色。尾羽白色。下体白，略沾淡灰色。冬羽头部为白色，前颈、眼和耳羽具灰褐色粗斑。

红嘴鸥在铜川主要见于耀州区。常栖息于河流、库塘岸边。主要以昆虫、鱼、虾为食，也捕食啮齿类动物。通常营巢于湖泊、河流附近的沼泽草丛中。属于冬候鸟。

摄影：任西娥

摄影：李雪平

46 普通燕鸥 三有动物

属鸻形目、鸥科。中型涉禽，体长 31 ～ 37 厘米，体重 92 ～ 122 克。嘴黑色，跗跖和趾黑褐色。额、头顶、后颈黑色。上体肩、背、翅上覆羽暗灰色。腰和尾上覆羽白色。中央尾羽白色，向两侧逐渐变为暗灰色。上嘴基部、头侧和喉纯白色。胸白色，腹部和尾下覆羽葡萄灰色而略沾褐色。

普通燕鸥在铜川全境均有分布。常栖息于水面宽阔的库塘。主要以鱼、虾、软体动物及昆虫为食。通常成群在一起营巢于水域周围的滩地。属于夏候鸟。

▲ 摄影：周海珍

47 珠颈斑鸠 *三有动物*

属鸽形目、鸠鸽科。小型陆禽，体长 27 ～ 34 厘米， 体重 120 ～ 205 克。 额淡灰色，头顶灰葡萄红色。颈后基部和其两侧有宽阔的黑色领圈，羽端杂有许多白色点状斑。上体葡萄褐色缀红色羽缘。中央尾羽暗葡萄褐色，外侧尾羽黑色，羽端具灰白色宽斑。颏灰白色，喉、胸、腹羽均呈葡萄红色，胸部更浓。

珠颈斑鸠在铜川全境均有分布。常栖息于台塬沟壑、山地森林和平原郊野、农田附近。主要以农作物种子、野生植物果实等为食物，亦吃昆虫。秋季通常结成小群活动。营巢于树上。属于留鸟。

▲ 摄影：安小英

48 大杜鹃

三有动物

属鹃形目、杜鹃科。小型攀禽，体长 28 ~ 37 厘米，体重 91 ~ 135 克。上体石板黑色。尾羽黑褐色，有白色端斑。翅缘白而具褐色细横斑。头侧和颈侧大都暗灰色。颏至上胸灰色，下体余部白色。腹部密布宽 0.1 ~ 0.2 厘米的狭形横斑，斑距不及 0.5 厘米。

大杜鹃在铜川全境均有分布。常栖息于山林的树上。主要以鳞翅目等昆虫幼虫为食，为重要森林益鸟。不自营巢育雏，卵寄孵于他鸟巢中，其雏有排斥寄主雏鸟的现象。属于夏候鸟。

▲ 摄影：李雪平

49 普通翠鸟 三有动物

属佛法僧目、翠鸟科。小型攀禽，体长 15 ～ 18 厘米，体重 23 ～ 36 克。头部蓝绿黑色，背部翠蓝色，且有光泽。两翅暗绿色而有蓝色光泽。颊、喉白色。眼先前后方各有一个白斑。胸灰棕色，下体余部橙红色。

普通翠鸟在铜川全境均有分布。常栖息于低山丘陵、平原近水的树丛等处。主要以鱼、虾、小型水生动物和鞘翅目昆虫为食。通常营巢于河岸附近的崖壁上。属于留鸟。

▲ 摄影：周海珍

▲ 摄影：李雪平

50 蓝翡翠 三有动物

属佛法僧目、翠鸟科。小型攀禽，体长 26 ～ 31 厘米，体重 64 ～ 115 克。头顶黑色，颈有一较宽白色领环，眼下具一小型白斑。上体铅蓝色，下体橙棕色。颏、喉白色。嘴粗大呈红色。

蓝翡翠在铜川全境均有分布。常栖息于平原和山谷地带的溪流、河流、库塘及湿地处。主要以昆虫为食，有益农林业。通常营巢于河流堤岸的土洞中。属于夏候鸟。

▲ 摄影：周海珍

51 戴胜 三有动物

属戴胜目、戴胜科。小型攀禽，体长 25 ~ 35 厘米，体重 53 ~ 90 克。头上鸡冠状羽冠棕红色，先端具黑斑。体羽灰棕色，下背、翅、尾黑色并杂以淡棕白色宽横斑。下体棕色。

戴胜在铜川全境均有分布。常栖息于低山、平原、丘陵地带及林缘耕地等处。主要以昆虫为食，是重要的农林益鸟。通常营巢于树洞或岩石缝穴中。属于夏候鸟。

▲ 摄影：魏俊霞

▲ 摄影：周海珍

52 大斑啄木鸟 三有动物

属啄木鸟目、啄木鸟科。小型攀禽，体长20～24厘米，体重62～79克。额、颊部和耳羽白色，头顶黑色具蓝色光泽。雄鸟枕部红色而雌鸟仍为黑色具蓝色光泽。枕与颈连接处有一窄的黑色横纹。后颈及颈侧白色，形成白色领环。背辉黑色，腰部黑褐色而具白色端斑。两翼黑色，翼缘白色。翼内侧大覆羽及中覆羽白色，在翼内侧形成一近圆形大白斑。中央尾羽黑褐色，外侧尾羽白色具黑色横斑。下体淡茶褐色，下腹中央至尾下覆羽鲜红色。

大斑啄木鸟在铜川全境均有分布。常栖息于山地、平原的针叶林、针阔叶混交林和阔叶林中，尤以混交林和阔叶林较多见。主要以鞘翅目、鳞翅目、直翅目及蚁科、蚊科、胡蜂科的各种昆虫的成虫和幼虫为食，多在树干和粗枝上觅食，为重要的森林益鸟。常单独或成对活动，繁殖后期则成松散的家族群活动。通常营巢于树洞中，每年都要重新啄凿新洞，不用旧巢。属于留鸟。

摄影：唐朝谋

摄影：安小英

53 灰头绿啄木鸟 三有动物

属啄木鸟目、啄木鸟科。小型攀禽，体长27～31厘米，体重105～160克。雄鸟额基灰色，杂有黑色。头顶朱红色，枕和后颈灰色或暗灰色，杂以黑色羽干纹。眼先黑色，眉纹灰白色。耳羽、颈侧灰色。颊纹黑色，宽而明显。背和翅上覆羽橄榄绿色，腰及尾上覆羽绿黄色。中央尾羽橄榄褐色，外侧尾羽黑褐色，外羽片具一系列白斑。雌鸟头顶黑色，眼先和颊纹黑色，枕灰色。背灰绿色至橄榄绿色。飞羽黑色，具白色横斑。下体暗橄榄绿色至灰绿色。嘴灰黑色，跗跖和趾灰绿色或褐绿色。

灰头绿啄木鸟在铜川全境均有分布。常栖息于低山阔叶林和混交林。主要以蚂蚁、鳞翅目、鞘翅目、膜翅目等昆虫为食。觅食时常由树干基部螺旋上攀，偶尔也吃植物果实和种子。常单独或成对活动，很少成群。秋冬季常出现于路旁、农田地边疏林。通常营巢于树洞中。巢洞多选择在混交林、阔叶林、次生林的水曲柳、山杨、稠李、柞树、榆树等具有腐朽木材部分的阔叶树上。每年啄新巢洞，一般不利用旧巢。属于留鸟。

▲ 摄影：李雪平

▲ 摄影：李雪平

54 星头啄木鸟 三有动物

属啄木鸟目、啄木鸟科。小型攀禽，体长 14 ~ 18 厘米，体重 20 ~ 30 克。额和头顶暗灰色。枕和后颈黑色，枕部两侧各具一深红色纵纹。上背、肩和尾上覆羽黑色，杂以白斑。下体淡黄褐色，杂以黑褐色纵纹。雌鸟枕部无红色纵纹。

星头啄木鸟在铜川全境均有分布。常栖息于山地森林或平原树林中。主要以昆虫为食，为农林益鸟。通常营巢于树洞中。属于留鸟。

摄影：李雪平

摄影：李雪平

摄影：李雪平

55 白鹡鸰

三有动物

属雀形目、鹡鸰科。小型鸣禽，体长 17 ~ 19 厘米，体重约 21 克。通体羽色黑白相间。上体大都黑色至深灰色，下体除胸部有黑斑外，其余纯白色。尾羽较长，黑色，最外侧两对尾羽除内翈的基部具黑褐色羽缘外，均为白色，飞行时尤为显著。飞行时呈波浪式前进，停栖时尾不停地上下摆动。嘴、跗跖黑色。

白鹡鸰在铜川全境均有分布。常栖息于离水较近的草地、荒地、耕地等处，不到林间活动，只在地上或水边奔跑觅食。主要以蝗虫、卷叶蛾等为食，为食虫益鸟。通常营巢于石缝、墙洞、屋顶、河边土穴中。属于留鸟。

摄影：魏俊霞

摄影：李雪平

56 灰鹡鸰 三有动物

属雀形目、鹡鸰科。小型鸣禽，体长 17 ～ 17.5 厘米，体重约 16 克。夏季喉部为黑色，冬季则呈白色。眉纹棕白色，腰及尾上覆羽黄绿色。中央尾羽黑色，具黄绿色的狭缘，外侧 3 对尾羽除第二、三对的外翈大部分黑色外，余皆白色。下体黄色。后爪较后趾为长，弯曲。嘴黑褐色。跗跖和趾黄色，爪褐色。雌鸟羽色似雄鸟，但喉部杂以灰褐色，下体色较暗淡。

灰鹡鸰在铜川全境均可见。常栖息于近水的各种生境中。主要以蝗虫、甲虫、松毛虫等为食，为食虫益鸟。通常营巢于河流两岸的堤坝缝隙、房屋墙壁裂缝中，以苔藓、枯草茎叶筑成杯状巢。属于夏候鸟。

▲ 摄影：安小英

57 黄头鹡鸰 三有动物

属雀形目、鹡鸰科。小型鸣禽，体长 16 ～ 17.5 厘米，体重约 23 克。雄鸟头顶、头侧辉黄色，雌鸟头顶不具明显的黄色。背及两肩黑色，腰暗灰色。尾上覆羽、尾羽黑褐色，最外两对尾羽具楔状白斑。翅具白色斑纹。下体辉黄色。嘴、跗跖、趾和爪黑色。

黄头鹡鸰在铜川全境均可见。常栖息于近水的草地、疏林、农田等处。主要以蝇类、蟠象、甲虫为食，为食虫益鸟。通常营巢于湿地的土墩或草丛中，用苔藓、干草茎叶等筑成杯状巢，内铺羽毛、兽毛。属于夏候鸟。

▲ 摄影：李雪平

58 水鹨

三有动物

属雀形目、鹡鸰科。小型鸣禽，体长16～19厘米，体重约24克。耳羽灰褐色。上体灰褐色，具不太显著的暗褐色纵纹。外侧尾羽具白端。下体棕白或浅棕色，胸部色较浓，繁殖期转为淡葡萄红色。雄鸟胸部具暗色纵纹。嘴暗褐色。跗跖黑褐色。

水鹨在铜川全境均可见。常栖息于低山丘陵、山脚平原、溪流两岸的草地及耕地上。主要取食昆虫和草籽，为食虫益鸟。通常营巢于地面草丛间，巢材多用禾本科植物的茎叶筑成，内铺兽毛、鸟毛等物。属于旅鸟。

▲ 摄影：李雪平

59

长尾山椒鸟

三有动物

属雀形目、山椒鸟科。小型鸣禽，体长 18 ～ 20 厘米，体重约 17 克。雄鸟自头至背及喉均亮黑色，下背至尾上覆羽及下体赤红色。翅黑色，具朱红色翼斑。尾黑色，外侧尾羽红色，基部黑色。雌鸟额基和眼前上方微黄色。背沾黄绿色。腰和尾上覆羽橄榄黄色。翅褐黑色，具黄色翼斑。尾羽外侧黄色。下体黄色。嘴、跗跖均黑色。

长尾山椒鸟在铜川主要常见于耀州区。常栖息于多种植被类型的生境中，也见于开垦地附近的林间。主要捕食鳞翅目蝶类幼虫、蝽象等，为食虫益鸟。多营巢于灌木丛中，以草茎、枯叶等筑成深杯状巢。属于夏候鸟。

摄影：李雪平

60 领雀嘴鹎 三有动物

属雀形目、鹎科。小型鸣禽，体长约 23 厘米，体重约 41 克。头灰黑色，具短羽冠。两颊具数条白色细纹，喉黑色，前颈有一白色颈环。背和飞羽暗橄榄绿色，尾羽黄绿色，末端暗褐色。腹面胸以下黄绿色。嘴灰黄或黄色，下嘴基有一白斑。跗跖肉褐色。

领雀嘴鹎在铜川常见于耀州区。常栖息于山区和平原森林、次生植被及灌丛中，亦结小群停息于电线上。主要以野果和昆虫为食，于飞行中捕捉昆虫，为农林益鸟。通常筑巢于树上或灌木丛中，巢呈杯状。属于留鸟。

摄影：安小英

▲ 摄影：李雪平

61 黄臀鹎 三有动物

属雀形目、鹎科。小型鸣禽，体长 19～19.5 厘米，体重约 17 克。头黑色，在近下嘴基部具一红色小点斑。耳羽色略浅，上体褐色，喉白色。上胸具浅褐色横带，下体近白色。尾下覆羽深黄色，故有黄臀鹎之称。嘴和跗跖黑色。

黄臀鹎在铜川主要见于耀州区。常栖息于山地疏林、草地、灌丛中，善鸣，可笼养观赏。主要以金龟子、叶甲等昆虫及黄泡果、蛇莓等野果为食。通常营巢于次生灌丛中，以禾本科植物叶及蒿类花序筑成，呈杯状。属于留鸟。

摄影：李雪平

摄影：李雪平

62 白头鹎 三有动物

属雀形目、鹎科。小型鸣禽，体长 18 ～ 19 厘米，体重约 35 克。额与头顶纯黑色，具光泽。头顶两侧经眼各有一条白色纹，相连于枕后。上体灰褐或暗石板灰色，具不明显的黄绿色纵纹，翅、尾均黑褐色，羽缘绿黄色。喉白色。胸染灰褐色，腹部白色，缀以淡绿黄色纵纹。嘴黑色。跗跖黑褐或黑色。

白头鹎在铜川全境均可见。常栖息于丘陵或平原疏林、灌丛、庭院等处。主要以叶甲、金龟子等昆虫和植物果实及种子为食，为食虫益鸟。通常营巢于树上，巢以草茎、草穗、细根筑成，呈深杯状。属于夏候鸟。

摄影：李雪平

摄影：周海珍

摄影：张力

63 太平鸟 三有动物

属雀形目、太平鸟科。小型鸣禽，体长约 18 厘米，体重约 55 克。额、头顶前部、头侧栗褐色具一簇明显细长而尖的羽冠。通体褐色，尾羽 12 枚，先端呈黄色，故有“十二黄”之称。上嘴基及眼先为黑色并沿眼上方延伸渐宽阔，止于前枕部。颏、喉黑色，两翅斜贯一道白纹。嘴黑色，基部蓝色。跗跖黑色。

太平鸟在铜川全境均有分布。常栖息于低山疏林和村落附近的树林中。主要以忍冬、鼠李科果实和种子为食。常数十只成群活跃于枝头，偶见在地面活动，有争斗嬉戏的行为。是主要的观赏鸟。属于旅鸟。

摄影：安小英

64 棕背伯劳 三有动物

属雀形目、伯劳科。小型鸣禽，体长 24 ～ 25 厘米，体重 50 ～ 51.5 克。头顶和上背灰色，下背及腰棕红色。下体淡棕色，颏、喉和腹中央近白色。两胁和尾下覆羽棕红色。尾黑色，外侧尾羽具淡棕色缘。翼黑色，初级飞羽基部较白形成翼斑。

棕背伯劳在铜川主要见于耀州区。常栖息于山地乔木林，多单独站立于树梢、木桩、电线杆顶端或电线上。主要以昆虫为食，为农林业益鸟。通常营巢于乔木、灌木树上，巢呈深杯状。属于旅鸟。

摄影：安小英

65 牛头伯劳 三有动物

属雀形目、伯劳科。小型鸣禽，体长 18.8 ～ 19.7 厘米，体重 39 ～ 42.7 克。雄鸟额、头顶、后颈栗红色。背部灰褐色，中央一对尾羽灰黑色。下体棕白到淡棕色，并具黑褐色波状斑。胸和胁部明显，腹、尾下覆羽纯棕白色。雌鸟上体以栗褐色为主，下体暗纹密集。

牛头伯劳在铜川全境均有分布。常栖息于低山的草地、疏林、灌木林或阔叶林。主要以昆虫为食，为农林益鸟。通常营巢于树枝间。属于旅鸟。

摄影：李雪平

66 红尾伯劳 三有动物

属雀形目、伯劳科。小型鸣禽，体长 19.1 ~ 20.2 厘米，体重 27 ~ 31.5 克。雄鸟额和头顶前部淡灰色，头顶后部至上背和肩以及两翼转为浓褐色。下背、腰和尾上覆羽均棕褐色，尾暗棕色。颏和喉白色，下体余部棕白色，下腹中央近白色。雌鸟背、腹均有暗色不规则鳞状纹，过眼纹黑褐色。

红尾伯劳在铜川全境均有分布。常栖息于山地草地、疏林、灌木林。主要以昆虫为食，为农林业益鸟。通常营巢于灌木丛中树杈间，以多刺呈丛状的树上较多。属于旅鸟。

▲ 摄影：李雪平

67 楔尾伯劳 三有动物

属雀形目、伯劳科。中型鸣禽，体长 28 ～ 31 厘米，体重约 88 克。雄鸟上体灰色，有清晰黑色贯眼纹及白色眉纹。下体白色。翼黑色，具明显的白色双翼斑。尾黑色，外侧白色，尾长，呈楔形。雌鸟胸、胁具不清晰鳞状纹。

楔尾伯劳在铜川全境均有分布。常栖息于环境开阔地带及平原的树木或灌丛附近。主要以昆虫为食，包括甲虫、松毛虫等，也捕食蜥蜴、小鸟和鼠类。能像隼一样在空中捕食。通常营巢在树上，巢呈碗状。属于留鸟。

▲ 摄影：周海珍

68 黑枕黄鹂

三有动物

属雀形目、黄鹂科。中型鸣禽，体长 25 ～ 27 厘米，体重约 90 克。嘴黄色，跗跖褐色。自鼻孔后缘起有一条黑色贯眼纹直达枕部。头顶黄或黄绿色，枕部黑色。翅黑色而具黄色斑，体羽金黄色。

黑枕黄鹂在铜川主要见于耀州区。常栖息于山区、丘陵和平原的乔木林、城市园林、村庄附近，成对或以家族为群活动。主要以松毛虫、枯叶蛾、天蛾、金龟子等多种害虫为食，为农林益鸟。通常营巢于乔木树冠上部水平枝上，巢呈吊篮式。属于夏候鸟。

▲ 摄影：李雪平

69 北椋鸟 三有动物

属雀形目、椋鸟科。小型鸣禽，体长 16 ～ 18 厘米，体重约 48 克。 雄鸟头顶暗灰色，枕部具一带金属光泽的黑紫色斑。肩羽紫褐色，端部棕白色。体羽紫色具金属闪光。嘴角褐色，下嘴基部蓝白色。跗跖、趾黑色，爪黑褐色。雌鸟羽毛黑褐色，缺少金属光泽。

北椋鸟在铜川主要常见于耀州区。常栖息于海拔 800 米以下的开阔山地疏林或平原。主要以蝗虫、地老虎、柳叶蜂、尺蠖等为食，为农林益鸟。通常营巢于树洞、墙缝中。属于旅鸟。

摄影：李雪平

70 丝光椋鸟 三有动物

属雀形目、椋鸟科。中型鸣禽，体长 22.5 ~ 23.5 厘米，体重约 100 克。雄鸟头顶丝光白色，体背灰色。颏、喉白色沾棕色，胸暗灰色。尾下覆羽灰色，腋下覆羽白色。雌鸟头顶污白色，体背灰棕色。嘴深橙红色，尖端带黑色。跗跖、趾暗黄色，爪淡褐色。

丝光椋鸟在铜川主要见于耀州区。常成群活动于山地林缘或平原地区的农田、果园。以蝇卵、蛆及其他昆虫和植物种子为食，为食虫益鸟。通常营巢于墙缝或树洞中，以干草、羽毛筑巢。属于夏候鸟。

摄影：李雪平

▲ 摄影：李雪平

71 灰椋鸟 三有动物

属雀形目、椋鸟科。中型鸣禽，体长 23 ～ 24 厘米，体重约 91 克。体羽灰褐色，头顶、后颈和颈侧黑色。各羽均呈矛状，前额杂以白羽。颊和耳羽污白色，杂以黑色斑。嘴橙红色，下嘴基部沾绿色，跗跖橙红色。

灰椋鸟在铜川全境均有分布。常栖息于低山区，多活动于开阔地、农村及城市周边。以蝗虫、叶甲、金龟子、松毛虫、蝼蛄等为食，为食虫益鸟。通常营巢于树洞、墙洞及人工巢箱中。 属于留鸟。

摄影：李雪平

72 灰喜鹊 三有动物

属雀形目、鸦科。中型鸣禽，体长 27.2 ～ 39.2 厘米，体重 93 ～ 95 克。头顶、头侧和后颈均蓝黑色。耳羽及枕黑色，其余上体青灰色。两翼天蓝色。尾羽青蓝色，中央一对较长，羽端白色。颏和喉白色，其余下体淡棕灰色。嘴黑色，跗跖黑色。

灰喜鹊在铜川全境均有分布。常栖息于海拔 800 米以下的半山区林地、灌丛或村庄、城镇，常集群活动。主要以昆虫为食，也吃植物种子、浆果等，为食虫益鸟。通常营巢于灌木或乔木上，巢呈杯状。属于留鸟。

摄影：李雪平

摄影：杨爱英

摄影：王清海

73 红嘴蓝鹊 三有动物

属雀形目、鸦科。中型鸣禽，体长 42 ~ 62 厘米，体重 141 ~ 153 克。头、颈及胸均黑色，从头顶至后颈杂以赤青色大斑，上体余部青灰色。下体大部分白色，沾蓝或带土黄色。中央尾羽具白端，外侧尾羽具次端黑带及白斑。飞羽褐色，外缘灰蓝色，内侧飞羽具白色端缘。

红嘴蓝鹊在铜川全境均有分布。常栖息于山地森林，多活动于开阔田野、农村及城市，常成对或几只活动。主要以昆虫为食，也吃其他小动物和雏鸟及卵。通常营巢于树木横枝间。近年来，在繁殖期于城市中有袭击人的现象。属于留鸟。

摄影：周海珍

摄影：李雪平

74 喜鹊 三有动物

属雀形目、鸦科。中型鸣禽，体长 45～48 厘米，体重 190～240 克。头和颈黑色，带金属光泽。背亦黑色，肩和腰白色或灰色。前胸黑色，腹及两胁纯白色。

喜鹊在铜川全境均有分布。常栖息于山地、平原村落和城市，多成对或集小群活动。主要以昆虫为食，也吃作物种子、草籽、浆果、雏鸟和鸟卵等，为农林益鸟。通常营巢于乔木树上。属于留鸟。

▲ 摄影：李雪平

摄影：吕炳全

摄影：李雪平

75 北红尾鸲 三有动物

属雀形目、鹟科。小型鸣禽，体长约 15 厘米，体重约 18 克。体羽色彩艳丽，具明显而较大的白色翼斑。雄鸟头、颈背面至上背为石板灰色而具银色边缘，背上其余部黑色。两翼褐色，内侧飞羽基部白色，形成白色翼斑。腰锈橙褐色，胸、腹橙栗色。中央尾羽黑褐色，外侧尾羽橙棕色。雌鸟上体自额至背，包括两翼内侧覆羽为橄榄褐色，白色翼斑显著。尾上覆羽及外侧尾羽橙棕色。眼圈皮黄色似雄鸟，但色较黯淡。臀部有时为棕色。嘴、跗跖黑色。

北红尾鸲在铜川全境均有分布。常栖息于山地疏林、灌丛及耕地，多立于突出的高处，尾颤动不停。主要以昆虫为食，兼食杂草种子和浆果。通常筑巢于树洞及墙洞中。属于留鸟。

雄鸟

▲ 摄影：安小英

摄影：魏俊霞

76 黑喉石䳭 三有动物

属雀形目、鹟科。小型鸣禽， 体长约 13 厘米，体重约 17 克。夏羽雄鸟头、背、尾羽黑色，颈侧、腰及尾上覆羽白色。翼黑色，内侧覆羽白色，形成明显翼斑。胸粉棕色，腹以下淡棕白色。雌鸟体背面黑褐色，具淡棕色羽缘。尾上覆羽淡棕色，喉白色。胸淡棕粉色，腹中央白色，腹以下淡棕黄色。嘴、跗跖黑色。

黑喉石䳭在铜川全境均可见。常栖息于低山、丘陵、平原、田间及河流沿岸附近灌丛、草地。主要以昆虫为食，兼食蜘蛛和杂草种子等。通常营巢于地表，以草茎、羽毛筑成皿状巢。属于旅鸟。

▲ 摄影：马玉侠

77 斑鸫 三有动物

属雀形目、鸫科。中型鸣禽，体长 23.0 ～ 25.5 厘米，体重约 70 克。雄鸟额至后颈黑褐色，头顶具淡灰色羽缘，呈暗斑状。上背、肩黑褐沾棕色，下背至尾上覆羽栗褐色。两翅暗褐色，尾羽黑褐色，基部羽缘栗色。颊、颈侧、颏及喉棕白色。胸、胁黑褐色，羽缘白色沾棕色，呈斑杂状。雌鸟头顶暗斑色较淡，两翅暗褐色，具淡棕白色外缘。

斑鸫在铜川全境均可见。常结小群栖息活动于山地森林及村落庭院和果园、农田间。主要以昆虫为食，也吃植物种子。通常营巢于树上。属于旅鸟。

▲ 摄影：安小英

78 北灰鹟 三有动物

属雀形目、鹟科。小型鸣禽，体长约 13 厘米，体重约 11 克。雌雄羽色相同，背部灰褐色，腹部近白色，胸和两胁淡灰褐色。眼周有白圈，翼上有淡色翼带。嘴黑色，下嘴基黄色。跗跖黑色。

北灰鹟在铜川全境均可见。常栖息于山林、灌丛间。主要以昆虫为食，多停息在树枝上，见有昆虫在附近飞过，则迅速飞起捕食，然后再返回原枝上。有时亦至地面觅食。属于旅鸟。

▲ 摄影：李雪平

79 金翅雀

三有动物

属雀形目、燕雀科。小型鸣禽，体长 13 ~ 14 厘米，体重约 19 克。雄鸟额、颊及眉纹黄色。眼先和眼周黑色。耳羽、头顶、后颈灰色。翅黑色具黄色斑块，飞羽羽缘白色。下体黄色。雌鸟体色较雄鸟浅淡。

金翅雀在铜川全境均有分布。常栖息于低山疏林、河谷杂木林中，多喜成群活动。主要以草籽、树木种子为食，也吃谷物和昆虫。鸣声悦耳，性活泼，易饲养，是主要笼养观赏鸟。通常营巢于乔木上。属于留鸟。

雄鸟

▲ 摄影：李雪平

▲ 摄影：李雪平

80 山噪鹛 三有动物

属雀形目、噪鹛科。中型鸣禽，体长 25 ～ 26 厘米，体重约 55 克。头顶暗灰褐色，上、下体灰砂褐色。无显著斑纹，嘴稍曲。

山噪鹛在铜川全境均有分布。常栖息于山地矮树和灌丛中，结小群活动。鸣声多变。主要以昆虫及植物种子等为食。通常营巢于矮树灌丛中，用干草、嫩枝筑成浅杯状的巢，内铺细根、纤维等。属于留鸟。

▲ 摄影：安小英

▲ 摄影：李雪平

81 白颊噪鹛 三有动物

属雀形目、噪鹛科。中型鸣禽，体长约 23 厘米，体重约 70 克。雌雄羽色相似，通体为深浅不同的棕褐色。白色眉纹明显，眼先和颊亦白色。尾棕栗色，尾下覆羽红棕色。嘴黑褐色。跗跖黄褐或灰褐色。

白颊噪鹛在铜川全境均可见。常栖息于山区和台塬的矮树和灌丛间，喜结群。鸣声喧噪响亮。主要以昆虫为食，兼食植物种子。通常营巢于柏树上，巢主要用稻草等筑成。属于留鸟。

摄影：李雪平

摄影：李雪平

▲ 摄影：李雪平

82 棕头鸦雀 三有动物

属雀形目、莺鹛科。小型鸣禽，体长 11 ～ 12 厘米，体重 10 ～ 12 克。嘴粗而短。通体羽色前棕后褐。两翅表面红棕色，背、腰及尾上覆羽棕褐色。尾羽暗褐色，具隐色横斑。眼先、眼周、颊、耳羽和颈侧、上胸均呈粉红色。嘴灰褐色，嘴端色较浅。跗跖淡皮黄色。

棕头鸦雀在铜川全境均可见。常栖息于林下灌木、荆棘及低矮树丛。活泼而好结群。主要食物以昆虫为主，兼食野生植物种子。巢呈杯状。属于留鸟。

摄影：李雪平

摄影：李雪平

83 黄腰柳莺 三有动物

属雀形目、柳莺科。小型鸣禽，体长约 10 厘米，体重约 7 克。头顶中央有淡黄色冠纹，眉纹黄绿色，嘴细小。上体橄榄绿色，腰羽黄色，形成宽阔的横带。翅上具两条黄绿色横斑，下体灰白色，臀及尾下覆羽沾浅黄色。嘴近黑色，下嘴基部淡黄色。跗跖淡褐色。

黄腰柳莺在铜川全境均有分布。常栖息于山林和灌丛。主要以蝇类和象甲、蚜虫等昆虫为食，为食虫益鸟。通常营巢于林中乔木上。属于夏候鸟。

▲ 摄影：李雪平

84 黄眉柳莺 三有动物

属雀形目、柳莺科。小型鸣禽，体长 9 ~ 11 厘米，体重约 9 克。上体橄榄绿色，头顶有一条不明显的黄绿色冠纹，眉纹淡黄绿色。翅上具两块白斑，腹部为带黄绿的白色。嘴褐色，下嘴基部稍淡。跗跖淡棕褐色。

黄眉柳莺在铜川全境均有分布。常栖息于山林及灌丛间，喜在树冠、灌丛间穿飞。主要以金龟子、叶甲、象甲等害虫为食，为食虫益鸟。通常营巢于地上或土洞中，以草茎、地衣、兽毛等筑成球形巢，入口在侧方。属于旅鸟。

▲ 摄影：李雪平

▲ 摄影：李雪平

85 红头（长尾）山雀 三有动物

属雀形目、长尾山雀科。小型鸣禽，体长约 10 厘米，体重约 6 克。额、头顶、后颈均为栗红色，背蓝灰色。喉部中央具黑色块斑，胸部较宽的横带和两胁栗红色。翅和尾黑褐色。

红头（长尾）山雀在铜川全境均有分布。常栖息于山区森林和灌丛中，喜结群活动。主要以昆虫为食，也兼食植物种子和浆果等，为食虫益鸟。通常营巢于树上。属于留鸟。

摄影：王清海

摄影：魏俊霞

摄影：安小英

86 银喉（长尾）山雀 三有动物

属雀形目、长尾山雀科。小型鸣禽，体长 12 ～ 14 厘米，体重约 8 克。头顶黑色，中央贯以浅色纵纹。头和颈侧呈淡葡萄棕色，背至尾上覆羽灰色，尾黑色。下体淡葡萄红色，喉部中央具银灰色块斑。

银喉（长尾）山雀在铜川全境均有分布。常栖息于山林中，冬季迁至平原。主要以昆虫为食，兼食植物种子，为食虫益鸟。通常营巢于树杈上，用苔藓、地衣、树皮、羽毛等作巢材，并用鳞翅目昆虫的茧丝缠绕加固而成。属于留鸟。

摄影：安小英

▲ 摄影：李雪平

87 煤山雀 三有动物

属雀形目、山雀科。小型鸣禽，体长约 10 厘米，体重约 8 克。头部黑色，具羽冠。眼先黑色，两颊和后颈中央白色。上体深灰色，翅上具两道白斑。下体白色。

煤山雀在铜川全境均可见。常栖息于山地林区，冬季多见于平原。主要以昆虫为食，兼食植物性食物，为食虫益鸟。属于留鸟。

摄影：李雪平

88 黄腹山雀 三有动物

属雀形目、山雀科。小型鸣禽，体长约 10 厘米，体重约 11 克。头、喉和上胸黑色，眼先黑色，颊白色。两胁黄绿色，腹部黄色，中央无黑色纵带。雌鸟头顶、眼先和背均呈灰绿色。

黄腹山雀在铜川全境均可见。常栖息于山区树林中。主要以昆虫为食，兼吃一些植物性食物，为森林益鸟。通常营巢于树洞。属于留鸟。

雄鸟

摄影：安小英

雌鸟

摄影：李雪平

89 绿背山雀 三有动物

属雀形目、山雀科。小型鸣禽，体长约 12 厘米，体重约 18 克。头黑色，眼先黑色，两颊具大型白斑。背部羽毛绿色，腹部黄色，中央贯以黑色纵纹。尾下覆羽黑色。

绿背山雀在铜川全境均可见。常栖息于山地林区，冬季迁至平原。主要以鞘翅目昆虫、蚂蚁等为食，为森林益鸟。通常营巢于树洞或石隙等处。属于留鸟。

摄影：安小英

摄影：李雪平

摄影：李雪平

90 大山雀 三有动物

属雀形目、山雀科。小型鸣禽，体长约 14 厘米，体重约 14 克。头黑色，脸及后颈各具大型白斑。上体蓝灰色，背沾绿色。下背至尾上覆羽灰蓝色。腹部白色，中央贯以显著的黑色纵纹。

大山雀在铜川全境均有分布。常栖息于山地林区，越冬迁至平原地区林间。主要以蛾类、松毛虫等森林害虫为食，是重要的控制森林害虫的益鸟。通常营巢于树洞、石隙、墙洞等处。属于留鸟。

摄影：安小英

摄影：安小英

91 （树）麻雀 三有动物

属雀形目、雀科。小型鸣禽，体长 14 ～ 15 厘米，体重约 25 克。额至后颈红褐色，上体余部棕褐色，密布棕、黑色相间的纵纹。眼的下缘、眼先、颏和喉的中部均黑色，颊、耳羽和颈侧白色。头侧耳羽后部和颈侧具黑色斑块，胸和腹淡灰白色，尾暗褐色。

（树）麻雀在铜川全境均有分布。常栖息于城镇、农村居民区的建筑物和树上，活动范围广，多集群活动。主要以谷物、植物种子为食，繁殖季节也捕食大量昆虫。营巢地多样，繁殖快。属于留鸟。

摄影：马爱平

92 燕雀 三有动物

属雀形目、燕雀科。小型鸣禽，体长约15厘米，体重约26克。头、后颈及上背为亮黑色，下背、腰和尾上覆羽中间白色，边缘黑色。肩部橙黄色，颏、喉、胸均为橙黄色，下体余部白沾棕色。

燕雀在铜川全境均有分布。常栖息于山地树林和灌丛间，也常见于平原草地、果园、河岸。迁徙时喜大群行动。主要以昆虫和植物种子为食。可供饲养观赏。通常营巢于桦、松等大树的分叉处。属于旅鸟。

▲ 摄影：安小英

▶ 摄影：李雪平

▶ 摄影：李雪平

93 黑尾蜡嘴雀 三有动物

属雀形目、燕雀科。小型鸣禽，体长 18 ～ 19 厘米，体重约 50 克。嘴粗大呈蜡黄色。雄鸟头部黑色，后颈、背、肩深灰褐色。翼黑色而带白斑。中央尾羽亮黑色，其余尾羽黑色。腹部近灰色，腹侧具橙黄色。雌鸟头灰褐色，翼白斑狭小，尾上覆羽灰色。尾羽褐灰色，尾端黑褐色。

黑尾蜡嘴雀在铜川全境均可见。常栖息于山地林区，活动于林缘、村头的树上，也到农田觅食。主要以树木、杂草种子和昆虫为食。通常营巢于灌木或乔木的枝丫上。属季节性迁徙鸟类。易驯化，常作为笼养观赏鸟。属于旅鸟。

▲ 摄影：李雪平

摄影：李雪平

94 三道眉草鹀 三有动物

属雀形目、鹀科。小型鸣禽，体长约16厘米，体重约20克。雄鸟头顶、耳羽、后颈和上体栗色，头顶杂以浓栗褐色纵纹。眉纹、颊灰白色，眼先及颧纹黑色。背具黑色纵纹，颏、喉、上胸淡灰色。胸具栗色带状横纹，下胸、胁淡栗红色，腹沙黄色。雌鸟头顶、后颈褐色沾棕色，具黑褐色条纹。胸无栗色带状横纹。

三道眉草鹀在铜川全境均可见。常栖息于低山林缘、灌丛、山坡草地及农田。主要以松毛虫、甲虫等昆虫为食，也吃杂草种子和谷物。通常营巢于乔木、灌木的枝丫上或地面草丛中。属于留鸟。

▲ 摄影：李雪平

摄影：李雪平

95 小鹀 三有动物

属雀形目、鹀科。小型鸣禽，体长约 14 厘米，体重约 13 克。雄鸟头顶中央栗红色，两侧各具一黑色宽带状纹。脸部有栗色斑，翼和尾黑褐色。喉侧、胸、胁均呈土黄色。下体余部白色，具黑色斑。雌鸟头顶具两条带纹沾栗褐色。

小鹀在铜川全境均有分布。常栖息于山地、草地、灌丛，也常见林缘耕地。主要以植物种子和昆虫为食。通常营巢于草丛中的地面上。属于冬候鸟。

摄影：安小英

96 灰头鹀 三有动物

属雀形目、鹀科。小型鸣禽，体长 14 ～ 15 厘米，体重约 18 克。雄鸟嘴基、眼先及颏近黑色，头的余部、颈和胸橄榄绿色。腹部辉黄色，尾羽黑褐色。体侧呈橄榄褐色及黄色相混杂。雌鸟头顶褐色，具黑褐色细纹。胸、腹为淡绿黄色。

灰头鹀在铜川全境均有分布。常栖息于低山林缘、灌丛、草地、河谷、农田。主要以各种昆虫为食，也吃植物种子。通常营巢于草丛或灌木丛中。属于夏候鸟。

雌鸟

▲ 摄影：李雪平

97 红胁蓝尾鸲 三有动物

属雀形目、鹟科。小型鸣禽，体长 13 ～ 14 厘米，体重约 13 克。 雄鸟额、头、前颈和肩、背皆呈灰蓝色，腰和尾上覆羽辉蓝色。尾羽灰褐色，中央尾羽周缘和外侧尾羽外翈缘呈灰蓝色。眼先、颊和耳羽乌褐色，眉纹自额基起往后呈棕白色。飞羽灰褐色，小覆羽和初级飞羽辉蓝色。颏、喉和前颈、胸棕白色，腹和尾下覆羽纯白色，胸两侧灰蓝色，胁橙栗色。雌鸟额、头、后颈和眉、背均呈橄榄褐色。

红胁蓝尾鸲在铜川全境均有分布。常栖息于沟壑与低山地带的灌木丛、矮树丛和果园。主要以昆虫为食，也食植物果实、杂草种子等。通常巢筑于密林中的树上。属于旅鸟。

雄鸟

▲ 摄影：李雪平

98 冠鱼狗

属佛法僧目、翠鸟科。中型攀禽，体长约 41 厘米，体重约 300 克。羽冠黑色，其间缀有很多白色斑点。上体黑色，杂以白色横斑。颊、颏、喉和下体白色，具黑色点斑。胸腹两侧具黑斑。嘴角黑色，口裂和嘴尖黄白色。跗跖和趾橄榄铅色。

冠鱼狗在铜川全境均有分布。常栖息于低山或山脚平原的水域附近，特别是低山森林中的溪流处较为常见。主要以鱼、虾和其他小型水生生物为食。虽对渔业有害，但因其数量稀少，危害不大。通常营巢于溪流、水库等岸边的陡壁、悬崖上。属于留鸟。

▲ 摄影：李雪平

▲ 摄影：周海珍

99 红耳鹎

属雀形目、鹎科。小型鸣禽，体长 16.5 ～ 22.3 厘米，体重 26 ～ 43 克。虹膜呈棕色、褐色、棕红色或深棕色。嘴、跗跖黑色。前额至头顶黑色，头顶具高耸的黑色羽冠。眼后下方有一深红色羽簇，形成一红斑。耳羽和颊白色，紧连于红斑下方。后颈、背至尾上覆羽等其余上体棕褐色或土褐色。尾暗褐或黑褐色。两翅覆羽与背同色，飞羽暗褐色或黑褐色，外翈略缀土黄色或淡土褐色。颊、喉白色，且和颊部白色之间有一黑色细线，从嘴基沿颊部白斑一直延伸到耳羽后侧。其余下体白色或近白色，两胁沾浅褐色或淡烟棕色，胸两侧各有一较宽的暗褐色或黑色横带，自下颈开始经胸侧向胸中部延伸，且形渐细狭，最后中断于胸部中央，形成不完整的胸带。尾下覆羽鲜红色或橙红色。

红耳鹎在铜川比较少见。常栖息于海拔 1 500 米以下的低山和山脚丘陵地带的森林中，较多见于林缘、溪边和农田地边等开阔地带的灌丛与荒地。主要以乔木和灌木果实等植物性食物为主，也以鞘翅目、鳞翅目、直翅目和膜翅目昆虫等动物性食物为食。食性杂。属于留鸟。

雄鸟

▲ 摄影：周海珍

100 大嘴乌鸦

属雀形目、鸦科。中型鸣禽，体长约 51 厘米，体重约 560 克。雌雄羽色相似，通体黑色。前额突出，嘴粗大，略弯曲，嘴基不裸露。下体褐带灰绿色，几无光泽。嘴、跗跖均为黑色。

大嘴乌鸦在铜川全境均有分布。常栖息于山区、田野、村庄附近树上，多 3 ～ 5 只成小群在耕地、路旁等处活动。主要以昆虫、作物种子和人们抛弃的食物为食。食性杂。通常营巢于高大树木上。属于留鸟。

摄影：李雪平

▲ 摄影：李雪平

101 赭红尾鸲

属雀形目、鹟科。小型鸣禽，体长约 14 厘米，体重约 16 克。雄鸟上体额至腰和下体额至胸黑色。尾上覆羽橙栗色，翅黑褐色，中央尾羽黑褐色。外侧尾羽及下体余部，包括腋羽和翅下覆羽橙栗色。雌鸟上体自额至腰灰褐色稍沾棕色。翅褐色具淡白色羽缘，嘴、跗跖黑褐色或黑色。

赭红尾鸲在铜川全境均有分布。常栖息于山地树林、灌丛。主要以昆虫为食。通常营巢于灌丛中。属于留鸟。

摄影：周海珍（雌鸟）

102 黑喉红尾鸲

属雀形目、鹟科。小型鸣禽，体长约 15 厘米，体重约 20 克。雄鸟眉纹白色，额及眼上方近白色。头顶、后颈灰白色，额、眼先、头顶两侧和颏、喉、胸黑色。背至腰铅灰色，下腰、尾上覆羽栗棕色。两翅黑褐色，中央尾羽褐沾栗色，其余尾羽橙栗色。下体余部橙栗色。雌鸟上体灰褐色，眼圈偏白，胸部灰色较重。下腰和尾羽栗色，两翅暗褐色，下体浅灰褐沾棕色。嘴黑色，跗跖近黑色。

黑喉红尾鸲在铜川主要见于耀州区。常栖息于山谷、沟壑灌丛或乡村附近，喜近溪流开阔的林间草地及灌丛。主要以昆虫为食。通常营巢于墙洞中。属于留鸟。

雌鸟

摄影：安小英

103 白顶溪鸲

属雀形目、鹟科。小型鸣禽，体长约 17 厘米，体重约 36 克。雌雄羽色相似。头顶、枕纯白色，基部黑色。额、头侧、颈、背、肩和两翅以及下体颏至胸均呈辉蓝黑色。腰、尾上覆羽及下体余部概亮栗红色。羽基灰黑色，尾羽栗红色，具黑色端斑。嘴、跗跖均黑色。

白顶溪鸲在铜川全境均可见。常沿河流、山溪活动，多在溪流附近的岩石上停息，有时也到河溪两旁的小树上停留。主要以昆虫为食。通常营巢于河溪旁边树根间或附近的岩缝中。属于留鸟。

摄影：安小英

104 红尾水鸲

属雀形目、鹟科。小型鸣禽，体长约 13 厘米，体重约 20 克。雄鸟通体铅灰蓝色，头顶、颈部颜色较深，腹部色较淡。额基、眼先黑色，两翅飞羽黑褐，外缘沾铅灰蓝色。尾羽栗色，尾上覆羽和尾下覆羽浅栗色。雄鸟跗跖黑色。雌鸟上体灰色稍沾橄榄褐色，尾羽黑褐色基部白色。下体灰白色，颏沾棕色，具淡蓝灰色羽缘，形成波状横斑纹。尾下覆羽白色。雌鸟跗跖暗褐色。嘴黑色。

红尾水鸲在铜川全境均有分布。常栖息于河流、山溪边的岩石间。主要以昆虫为食。通常营巢于石缝中。属于留鸟。

摄影：李雪平

摄影：李雪平

105 乌鸫

属雀形目、鸫科。中型鸣禽，体长约30厘米，体重约150克。雄鸟上体包括两翅和尾均呈黑色，下体黑褐色，颏、喉褐色。雌鸟羽色与雄鸟相似，但色浅呈黑褐色，下体灰黑色，颏、喉浅栗褐色，杂以黑褐色纵纹。嘴黄色。跗跖黑褐色。

乌鸫在铜川全境均有分布。常栖息于台塬或低山地带，喜在潮湿、落叶比较丰富的阔叶林下活动。春夏主要以昆虫等动物性食物为食，秋冬则主要以植物性食物为食。通常营巢于乔木上。属于留鸟。

▲ 摄影：安小英

摄影：李雪平

106 红尾鸫

属雀形目、鸫科。中型鸣禽，体长 23 ～ 25 厘米，体重 63 ～ 81 克。体背颜色以棕褐为主。下体白色，在胸部有一圈红棕色斑纹，眼上有清晰的白色眉纹。起飞时，尾羽展开时棕红色。雄鸟脸、胸、腰红棕色，两肋和臀部具红棕色点斑，喉部具有黑色点斑。雌鸟似雄鸟，但体色更浅，胸部棕色不如雄鸟密集，髭纹更清晰。

红尾鸫在铜川全境均可见。常栖息于山地森林及村落庭院和果园、农田间。主要以蝗虫、金针虫、地老虎、玉米螟幼虫等昆虫为食，为农林益鸟。属于冬候鸟。

▲ 摄影：李雪平

107 赤颈鸫

属雀形目、鸫科。中型鸣禽，体长约 23 厘米，体重约 85 克。雄鸟上体包括两翅表面灰褐色，额、头顶色深具隐约的黑色羽轴纹。大覆羽和飞羽外缘银灰沾棕色。中央尾羽褐色，基部羽缘沾栗色，外侧尾羽栗色。眉纹、颏、颊、颈侧和胸锈栗色，羽端具少许白色。喉侧具黑斑，腹污白色。胸和胁灰色具灰褐色杂斑。尾下覆羽羽基暗灰色，中部锈栗色，羽端白色。雌鸟颏、喉灰白色，具棕栗色羽干纹。嘴黑褐色，下嘴基部黄色。跗跖暗褐色。

赤颈鸫在铜川少见于耀州区。常栖息于山地疏林或城郊田野树上。主要以昆虫及植物种子为食。属于旅鸟。

摄影：李雪平

摄影：李雪平

108 栗颈凤鹛

属雀形目、绣眼鸟科。小型鸣禽，体长 14 ～ 15 厘米，体重 12 ～ 16 克。上体偏灰，下体近白，脸颊栗色延伸成后颈圈。具短羽冠，上体白色羽轴形成细小纵纹。尾深褐灰，羽缘白色。虹膜褐色。嘴红褐色，嘴端色深。跗跖粉红色。

栗颈凤鹛在铜川全境均可见。常集小群活动于灌丛顶端，此鸟飞行能力较差。主要以果实、花蕊等植物性食物为主，兼吃昆虫。属于留鸟。

▲ 摄影：魏俊霞

摄影：魏俊霞

109 东方大苇莺

属雀形目、苇莺科。小型鸣禽，体长 16 ～ 20 厘米，体重约 29 克。上体棕褐色，眉纹淡黄色，眼先褐色。下体白沾黄色，胸部具不明显的黑褐色纵纹。上嘴黑褐色，下嘴肉红色，先端黑茶色。跗跖铅蓝色。

东方大苇莺在铜川全境均可见。常栖息于近水的树丛或苇丛中。主要以甲虫、夜蛾等昆虫为食，为食虫益鸟。通常营巢于稠密的灌丛中，巢用枯草、草根等筑成，呈深杯状。属于夏候鸟。

▲ 摄影：李雪平

110 普通䴓

属雀形目、䴓科。小型鸣禽，体长约 12 厘米， 体重约 18 克。头侧各有一道黑纹。上体石板灰蓝色，下体白色至肉桂棕色。尾下覆羽白色具栗色羽缘。

普通䴓在铜川主要见于耀州区。常栖息于山地林区，多活动于树干上。主要以昆虫、植物果实和松树种子为食。通常营巢于树洞，也利用其他鸟的旧巢。属于留鸟。

摄影：李雪平

111 戈氏岩鹀

属雀形目、鹀科。小型鸣禽，体长约 17 厘米，体重 14 ～ 23 克。头部灰色较重，顶冠纹为灰色，侧冠纹栗色而非黑色。雌鸟似雄鸟但色淡。幼鸟头、上背及胸具黑色纵纹。虹膜深褐。嘴蓝灰。跗跖粉褐。

戈氏岩鹀在铜川全境均有分布。常栖息于干燥而多岩石的丘陵山坡及近森林而多灌丛的沟壑深谷，也在农耕地活动。主要以坚果和昆虫为食。属于旅鸟。

▲ 摄影：李雪平